上海市工程建设规范

共 建 共 享 通 信 建 筑 设 计 标 准

Design standard for joint construction and sharing of telecommunications buildings

DG/TJ 08－2023－2020
J 11022－2020

主编单位：上海市信息系统质量技术协会
上海邮电设计咨询研究院有限公司
上海建筑设计研究院有限公司
批准部门：上海市住房和城乡建设管理委员会
施行日期：2020 年 12 月 1 日

同济大学出版社

2020 上海

图书在版编目(CIP)数据

共建共享通信建筑设计标准/上海市信息系统质量
技术协会,上海邮电设计咨询研究院有限公司,上海建筑
设计研究院有限公司主编. --上海:同济大学出版社,
2020.10

ISBN 978-7-5608-9428-7

Ⅰ.①共… Ⅱ.①上… ②上… ③上… Ⅲ.①邮电通
信建筑-建筑设计-设计标准-上海 Ⅳ.
①TU248.7-65

中国版本图书馆 CIP 数据核字(2020)第 150025 号

共建共享通信建筑设计标准

上海市信息系统质量技术协会

上海邮电设计咨询研究院有限公司　主编

上海建筑设计研究院有限公司

策划编辑　张平官

责任编辑　朱　勇

责任校对　徐春莲

封面设计　陈益平

出版发行　同济大学出版社　　www.tongjipress.com.cn

　　　　　(地址:上海市四平路 1239 号　邮编:200092　电话:021－65985622)

经　　销　全国各地新华书店

印　　刷　浦江求真印务有限公司

开　　本　889mm×1194mm　1/32

印　　张　1.125

字　　数　30 000

版　　次　2020 年 10 月第 1 版　2020 年 10 月第 1 次印刷

书　　号　ISBN 978-7-5608-9428-7

定　　价　15.00 元

上海市住房和城乡建设管理委员会文件

沪建标定〔2020〕330 号

上海市住房和城乡建设管理委员会
关于批准《共建共享通信建筑设计标准》
为上海市工程建设规范的通知

各有关单位：

由上海市信息系统质量技术协会、上海邮电设计咨询研究院有限公司和上海建筑设计研究院有限公司主编的《共建共享通信建筑设计标准》，经我委审核，现批准为上海市工程建设规范，统一编号为 DG/TJ 08－2023－2020，自 2020 年 12 月 1 日起实施。原《集约化通信局房设计规范》DG/TJ 08－2023－2007 同时废止。

本规范由上海市住房和城乡建设管理委员会负责管理，上海市信息系统质量技术协会负责解释。

特此通知。

上海市住房和城乡建设管理委员会
二〇二〇年七月一日

前　言

本标准根据上海市住房和城乡建设管理委员会《关于印发〈2017年上海市工程建设规范编制计划〉的通知》（沪建标定〔2016〕1076号）要求，由上海市信息系统质量技术协会、上海邮电设计咨询研究院有限公司、上海建筑设计研究院有限公司会同相关单位，在原《集约化通信局房设计规范》（DG/TJ 08－2023－2007）的基础上修订完成。

本标准共9章，主要内容包括：总则；术语；通信建筑分类；共建共享通信建筑建设的基本要求；建筑设计；结构设计；电气设计；空调通风设计；给排水设计。

本次修订的主要内容有：

1. 标准的主体由"集约化通信局房"改为"共建共享通信建筑"。

2. 标准的名称由《集约化通信局房设计规范》改为《共建共享通信建筑设计标准》。

3. 将第3章至第9章的标题调整为："3 通信建筑分类""4 共建共享通信建筑建设的基本要求""5 建筑设计""6 结构设计""7 电气设计""8 空调通风设计""9 给排水设计"。

4. 修订第1章至第9章的相关内容。

各单位及相关人员在执行本标准过程中，如有意见或建议，请将意见和有关资料反馈至上海市通信管理局（地址：上海市中山南路508号；邮编：200010；E-mail：txfz@mailshca.miit.gov.cn），上海市信息系统质量技术协会（地址：上海市北蔡镇莲溪路1350号；邮编：201204；E-mail：shqaii@163.com），或上海市建筑建材业市场管理总站（地址：上海市小木桥路683号；邮编：200032；E-mail：bzglk@

zjw. sh. gov. cn),以供修订时参考。

主 编 单 位:上海市信息系统质量技术协会
　　　　　　　上海邮电设计咨询研究院有限公司
　　　　　　　上海建筑设计研究院有限公司
主要起草人:石　磊　陈众励　徐雅国　李宏妹　李艳凯
　　　　　　　汤思恩　林　伟　张　平　戴　浩　武　广
　　　　　　　严　勇
主要审查人:高小平　俞毅敏　耿玉波　严佩敏　秦　方
　　　　　　　费左敏　徐弘良

上海市建筑建材业市场管理总站

目 次

Contents

1 总 则

1.0.1 为适应本市信息基础设施建设需要,在确保各通信运营企业现有通信网络设施安全和稳定运行的前提下,通过共建共享通信建筑的建设,达到节约土地、降低行业整体能源消耗、社会效益和经济效益最优化的目的,制定本标准。

1.0.2 本标准适用于新建、改建、扩建的共建共享通信建筑工程设计。

1.0.3 共建共享通信建筑的设计应遵循国家有关政策与法规,做到统一规划、实用可靠、技术先进、经济合理。

1.0.4 共建共享通信建筑的建设应符合规划、环保、节能、消防、抗震等有关要求。

1.0.5 共建共享通信建筑的设计除应符合本标准的规定外,尚应符合国家、行业和本市现行有关标准的规定。

2 术 语

2.0.1 共建共享　joint construction and sharing

由一方单独或多方通信运营企业共同参与通信建筑的建设，其建设成果由多方共同使用的行为。

2.0.2 通信园区　telecommunications park

依据城市规划，在规划指定区域内，集中建设多栋通信建筑，并进行统一管理及运维的园区。

2.0.3 通信建筑　telecommunications building

专门为安装通信设备的生产性建筑、为通信生产配套的辅助生产性建筑及为通信生产提供支撑服务的支撑服务性建筑。

2.0.4 通信楼　building for telecommunications equipment

以安装通信设备为主的通信生产楼。

2.0.5 通信机房　telecommunication room

安装通信设备的生产性用房。

3 通信建筑分类

3.0.1 通信建筑按使用功能,可分为下列三类:

1 专门安装通信设备的生产性建筑,主要包括通信机房、数据中心等。

2 为通信生产配套的辅助生产性建筑,主要包括变配电所、发电机房、空调冷冻机房等。

3 为支撑通信生产的服务性建筑,主要包括办公后勤楼、客服呼叫中心、营业厅、车库等。

3.0.2 通信建筑按重要性,可分为下列三类:

1 特别重要的通信建筑,主要包括国际出入口局、国际无线电台、国际卫星通信地球站、国际海缆登陆站等。

2 重要的通信建筑,主要包括大区中心、省中心通信枢纽楼、长途传输一级干线枢纽站、国内卫星通信地球站、本地网通信枢纽楼、客服呼叫中心、互联网数据中心楼、应急通信用房等。

3 一般的通信建筑,为特别重要、重要以外的通信生产用房,主要包括本地网的通信楼、远端接入局(站)、光缆中继站、微波中继站、移动通信基站、营业厅等。

3.0.3 通信机房根据机房内的通信系统设备在通信网络中所处的地位、网元设备的重要性以及不同服务等级,分为下列四类:

1 A类通信机房,主要包括特别重要的通信建筑的通信机房及A级数据中心的主机房。

2 B类通信机房,主要包括重要通信建筑的通信机房及B级数据中心的主机房。

3 C类通信机房,主要包括一般通信建筑的通信机房及C级数据中心的主机房。

4 D类通信机房,为 A、B、C 类通信机房以外的通信生产性用房,且处在非通信运营企业自建的建筑物内,主要包括承载网络末梢接入业务的通信机房。

3.0.4 同一栋通信楼内有不同类别通信机房时,应按照其中最高机房类别确定通信楼的重要性。

3.0.5 为不同类别的通信机房所配套的辅助生产性建筑,应按照最高机房类别确定其适配性。

4 共建共享通信建筑建设的基本要求

4.0.1 共建共享通信建筑按照建设规模,分为下列三类:

1 共建共享通信园区:依据城市规划,在规划指定区域内,由2个及以上通信运营企业集中建设多栋通信建筑,并进行统一管理及运维。

2 共建共享单栋通信建筑:2个及以上通信运营企业建设和运维的单栋通信建筑,主要包括共建共享的单栋通信楼、数据中心楼、办公楼等。

3 共建共享通信用房:在既有或新建建筑物内,2个及以上通信运营企业建设和运维的通信用房,主要包括共建共享的通信机房、数据机房、变配电房、空调机房等。

4.0.2 通信基站及其配套的通信电力、电池间机房应共建共享。

4.0.3 共建共享通信园区,其建设内容和建设方式应符合表4.0.3的规定。

表 4.0.3 共建共享通信园区共建共享项目

建设内容	统一建设及管理,分摊费用	企业分设及运维
园区征地	应	
园区外部电资源引入	宜	可
园区外部水、通信管线等资源引入	应	
园区道路、绿化	应	
园区内供水、消防、安防、各类地下管线等基础设施建设	应	
有 A 类通信机房的通信楼		应
有 B、C 类通信机房的通信楼	可	宜
企业办公楼	可	宜
后勤餐厅、物业楼	宜	可
园区内建筑屋面通信设备安装场地	应	

4.0.4 共建共享单栋通信建筑,除含 A 类通信机房的单栋通信建筑外,其建设内容和建设方式应符合表 4.0.4 的规定。

表 4.0.4 共建共享单栋通信建筑共建共享项目

建设内容 ＼ 建设方式	统一建设及管理,分摊费用	企业分设及运维
征地	应	
外部电、水、通信管线等资源引入	应	
道路、绿化	应	
变电站、水泵房	应	
门厅、楼梯、走道、卫生间等公共区域	应	
B 类通信机房	可	宜
C 类通信机房	可	宜
与 B 类通信机房配套通信电力、电池间	可	宜
与 C 类通信机房配套通信电力、电池间	可	宜
公共区域配电	应	
分体式空调	可	宜
集中空调系统	应	
消防控制中心	应	
室内水消防系统	应	
气体灭火系统	宜	可
火灾自动报警系统	应	
防排烟系统	应	
消防应急照明系统	应	
公共部位安防系统	应	
各共建方机房内安防系统	可	宜
建筑屋面通信设备安装场地	应	

4.0.5 共建共享通信用房,其建设内容和建设方式应符合表4.0.5的规定。

表 4.0.5 共建共享通信用房共建共享项目

建设内容 ＼ 建设方式	统一建设及管理,分摊费用	企业分设及运维
外部电、通信管线等资源引入	应	
D 类通信机房	宜	可
通信电力、电池间	宜	可
空调系统	应	
室内水消防系统	应	
气体灭火系统	应	
火灾自动报警系统	应	
防排烟系统	应	
消防应急照明系统	应	
安防系统	应	

5 建筑设计

5.0.1 共建共享通信建筑的设计,应满足现行行业标准《通信建筑工程设计规范》YD 5003 的要求。

5.0.2 新建的 A、B、C 类通信机房,不应与其他工业或民用建筑物合建,且不应建在地下室。

5.0.3 共建共享通信园区和单栋通信建筑,其局址内设置的机动车和非机动车停车位,应满足规划、安全及消防要求,并应符合下列规定:

    1 禁止设置对外开放的公众停车场。停车位为共建方共享,统筹使用。

    2 生产性通信建筑的机动车辆停车位建议指标为 0.20 车位/100m² 建筑面积,并应满足最低设备装卸场地要求及抢险时场地需求。非机动车停车位不低于运维时最大班人员的 50%。

    3 共建共享客服呼叫中心等人员较多的通信建筑,停车位按现行上海市工程建设规范《建筑工程交通设计及停车库(场)设置标准》DG/TJ 08-7 设置。

5.0.4 共建共享通信楼、数据中心楼等,平面设计应规整,外立面设计应符合城市规划要求,达到建筑物形象的整体统一,与周边环境相协调。

5.0.5 共建共享单栋通信楼、数据中心楼等,宜在现行行业标准《通信建筑工程设计规范》YD 5003 要求的基础上,进行综合管线设计后确定层高和走道宽度。

5.0.6 共建共享通信楼、数据中心楼等的室内公共部位装修,应满足功能使用要求。各共建方通信机房装修,如与土建建设一次完成,宜充分协商,统一机房内装修标准及装修用材。装修材料的耐火等级要求,应按现行国家标准《建筑设计防火规范》GB 50016、《建筑物内部装修设计防火规范》GB 50222 执行。

5.0.7 共建共享单栋通信楼、数据中心楼等,在通信工艺布局允许的条件下,宜使不同共建方处在不同防火分区内。

5.0.8 共建共享单栋通信楼、数据中心楼等的机房布局,应充分考虑工艺管线的路由,避免一共建方工艺管线穿越另一共建方通信机房,并应方便运维。

5.0.9 当共建共享通信机房位于非生产性通信建筑内时,其与其他功能用房之间应进行防火分隔,使其处于单独的防火单元内,并应根据现行国家标准《建筑设计防火规范》GB 50016 设置灭火设备。

5.0.10 D 类通信机房不宜设在地下室。当设在地下室时,应避开上部或相邻部位有卫生间、浴室、空调机房、汽车坡道等有漏水隐患的房间,同时需采取有效的防涝及防潮措施。住宅小区内的通信机房,应按现行上海市工程建设规范《住宅区和住宅建筑通信配套工程技术标准》DG/TJ 08-606 要求执行。

5.0.11 共建共享通信楼屋顶或场地内安装设备时,应与周围环境协调。

6 结构设计

6.0.1 新建共建共享通信建筑,应根据建筑类型及重要性,按现行国家标准《建筑抗震设计规范》GB 50011 及现行行业标准《通信建筑工程设计规范》YD 5003、《通信建筑抗震设防分类标准》YD 5054 选取结构体系、抗震设防烈度、楼面等效均布活荷载等,并确定建筑物的耐久年限。

6.0.2 当共建共享通信楼内有不同类别通信机房时,其抗震设防要求应按照最高业务等级的机房类别确定。

7 电气设计

7.0.1 共建共享单栋通信建筑配电系统容量,应满足各共建方的总需求,实现市电电源系统共建共享、分别计量。

7.0.2 共建共享通信建筑应采用固定的计量仪表对电力能耗值进行计量。计量点的设置应遵循以下原则:

    1 具备计量建筑总电力能耗、各共建方分设设备电力能耗、各共建方共用设备电力能耗的能力。

    2 数据中心应设置能够准确计量并获得 PUE 值(电能利用效率)的计量系统。系统应能够对数据中心总能源消耗量(包括外供电、外供油、外供气、外供冷等)、信息设备的耗电量进行计量。

7.0.3 共建共享单栋通信建筑宜共享备用发电机。当共享备用发电机时,应在各接入点设置计量表,对发电机产生的电能进行计量。

7.0.4 当共建共享不间断电源系统时,各共建方应提出明确的用电需求,不间断电源系统的容量、负荷分路、电池配置等应兼顾各共建方的需求。

7.0.5 消防系统和安防系统应接入各运营企业的监控中心,且应按公安及消防部门要求与其联网。

7.0.6 共建共享单栋通信建筑应采用共用防雷、接地型式,并应符合现行国家标准《通信局(站)防雷与接地工程设计规范》GB 50689 的要求。

7.0.7 在共建方配电系统的进线端,均应安装相应级别的浪涌保护器(SPD)。

8 空调通风设计

8.0.1 应充分利用共建共享通信建筑的规模效应,并根据现行行业标准《通信建筑工程设计规范》YD 5003 的要求,优先选用节能的空调系统。

8.0.2 采用集中冷水空调系统时,水系统的共用主管及环管应布置在公共区内,避免一共建方管道穿越另一共建方通信机房,并应方便管线运维。各共建方的空调末端形式宜统一。

8.0.3 共建共享单栋通信建筑及共建共享通信用房的新风系统、排风系统及空调冷凝水排水系统应统一设计。

8.0.4 空调系统设计应采取下列节能措施:

    1 空调系统应结合冷源形式,设置自然冷源利用设备。

    2 共建共享数据中心周边有其他企业生产过程中产生的废弃冷、热源时,宜经论证充分利用外供冷、热源。

    3 共建共享数据中心集中冷水空调系统,根据市政电网峰谷用电情况,宜采用冰蓄冷、水蓄冷等方式供冷。

9 给排水设计

9.0.1 生活及生产用水应按不同用途及共建方,分别设置用水计量装置。

9.0.2 通信机房内不应有与机房内无关的给排水管道水平穿越,相关给排水管道不应布置在电子信息设备的正上方。

9.0.3 当共建共享通信机房采用气体自动灭火系统时,系统应按现行国家标准《气体灭火系统设计规范》GB 50370 的要求设计,宜采用组合分配式,并统一设置气体自动灭火系统的钢瓶间。

本标准用词说明

1　为便于在执行本标准条文时区别对待,对要求严格程度不同的用词说明如下:

1)表示很严格,非这样做不可的用词:

正面词采用"必须";

反面词采用"严禁"。

2)表示严格,在正常情况下均应这样做的用词:

正面词采用"应";

反面词采用"不应"或"不得"。

3)表示允许稍有选择,在条件许可时,首先应这样做的用词:

正面词采用"宜";

反面词采用"不宜"。

4)表示有选择,在一定条件下可以这样做的用词:

正面词采用"可";

反面词采用"不可"。

2　条文中指定应按其他有关标准执行时,写法为:"应按……执行"或"应符合……的要求(或规定)"。

引用标准名录

1 《建筑抗震设计规范》GB 50011

2 《建筑设计防火规范》GB 50016

3 《数据中心设计规范》GB 50174

4 《建筑物内部装修设计防火规范》GB 50222

5 《气体灭火系统设计规范》GB 50370

6 《通信局（站）防雷与接地工程设计规范》GB 50689

7 《通信建筑工程设计规范》YD 5003

8 《通信建筑抗震设防分类标准》YD 5054

9 《建筑工程交通设计及停车库（场）设置标准》DG/TJ 08－7

10 《住宅区和住宅建筑通信配套工程技术标准》DG/TJ 08－606

上海市工程建设规范

共 建 共 享 通 信 建 筑 设 计 标 准

DG/TJ 08－2023－2020
J 11022－2020

条 文 说 明

2020　上海

目　次

Contents

1 总 则

1.0.5 共建共享通信建筑,当执行现有规范和本标准有困难时,参与各方需充分论述理由,由设计部门综合采取技术措施并提出解决方案,提交各共建方商讨解决,并呈报通信等涉及的主管部门备案或审批。

3　通信建筑分类

3.0.1　本条来源于行业标准《通信建筑工程设计规范》YD 5003—2014 第 3.1.1 条。

3.0.2　本条来源于行业标准《通信建筑工程设计规范》YD 5003—2014 第 3.1.2 条。

3.0.3　条文中 A、B、C 级数据中心的定义,来源于现行国家标准《数据中心设计规范》GB 50174。本条中 A、B、C 类通信机房的重要性划分,对应了第 3.0.2 条通信建筑的重要性。通信建筑一般由通信运营企业自建及使用,其设计均应符合现行行业标准《通信建筑工程设计规范》YD 5003 的要求。

　　本条中 D 类通信机房纳入了非通信运营企业建设的建筑物内的承载通信网络末梢接入业务的通信机房,如:远端模块局、用户接入网、城域网接入层设备(小区路由器、交换机)通信基站等通信生产性机房。

5 建筑设计

5.0.3 生产性通信建筑机动车辆停车位建议指标为:0.20 车位/100m² 建筑面积,该数据来源于行业标准《通信建筑工程设计规范》YD 5003－2014 第 6.3.4 条。大型通信楼及数据中心,由于少人值守的特点,往往计算值会大于最大班值守人员,可按照建筑所处的地理位置、公共交通站点设置,结合最大班值守人数、最低设备装卸场地要求及抢险时场地需求等要素,合理测算场地、停车位需求。

5.0.7 共建共享单栋通信楼、数据中心楼等,往往建筑面积较大、楼层较多。在通信工艺布局允许的条件下,如多运营企业处在同一楼面,且楼面可分多个防火分区时,宜使不同共建方处在不同防火分区内;楼层较多时,也可按楼层分不同共建方。此措施方便运行维护,并易明确各方运行维护中消防、安保管理的职责。

5.0.9 当共建共享通信机房位于非生产性通信建筑内时,由于其与其他功能用房的重要性不同,为了防止其他功能用房发生火灾迅速波及共建共享通信机房,本标准参照国家标准《数据中心设计规范》GB 50174－2017 第 13.2.4 条,要求在两个功能区之间采用耐火极限不低于 2.0h 的防火隔墙和 1.5h 的楼板隔开,隔墙上开门应采用甲级防火门,使共建共享通信机房处于单独的防火单元内,以防止火灾快速蔓延。同时,应根据现行国家标准《建筑设计防火规范》GB 50016 的规定,在共建共享通信机房内,设置灭火设备。

7 电气设计

7.0.2 各共建方分设设备的电力能耗费用,应由各方分别承担。共用设备电力能耗费用,可根据各共建方使用面积、使用设备能耗按比例分摊或协商分摊。

　　PUE 值可以由仪表直接读取或通过计算间接获得。

7.0.4 为避免各方的设备出现故障时相互影响,建议不间断电源系统分设。

8 空调通风设计

8.0.4 根据上海市对数据中心综合 PUE 的相关规定,数据中心使用外供冷、错峰蓄冷时,其综合 PUE 可以相应减去一定的外供冷因子,从政策上鼓励外供冷及错峰蓄冷。实际工程中,外供冷可以减少数据中心冷源能耗;错峰蓄冷可以降低电网高峰负荷,均衡城市电网,节省电能及运行费用。

9 给排水设计

9.0.1 在满足节水要求的基础上,设置分类用水计量装置可为各方分摊用水费用创造条件。分摊方式可按下列方法确定:生活用水、消防用水的水费,建议按各方所使用的建筑面积进行分摊;生产用水的水费,建议按各方的用能比例进行分摊。

9.0.2 机房内与空调系统相关的水管,宜布置于空调区,不应穿越机房。